멘사퍼즐 공간게임

MENSA : MENTAL CHALLENGE by MENSA

MENSA

멘사퍼즐 공간게임

PUZZLE

브리티시 멘사 지음

보누스

멘사퍼즐 공간게임의 세계에 오신 것을 진심으로 환영합니다. 이 책은 두뇌를 활성화하고 수학적 사고력을 키워주는 것은 물론, 일상에서도 꾸준히 뇌 단련 프로그램으로 활용할 수 있도록 여러분을 도와줄 것입니다. 130개가 넘는 흥미진진한 퍼즐이 여러분을 기다리고 있습니다. 몇 초면 풀 수 있는 매우 쉬운 문제도 있고, 하루 종일 머리를 싸매도 풀기 어려운 문제까지 골고루 들어 있지요.

사람에 따라 문제의 난이도가 완전히 다르게 다가올 것입니다. 성격이나 해결 방향에 따라서도 어떤 퍼즐 유형은 쉽고, 어떤 유형은 어렵다고 느껴지겠지요. 같은 유형이지만 풀이법이 완전히 달라지는 문제도 있습니다. '이건 아까 봤던 문제와 같은 패턴이잖아?'라고 생각해 똑같은 방법으로 접근했다가는 문제를 풀어낼 수 없을지도 모릅니다. 이것이 정교하게 제작된 멘사퍼즐의 매력이기도 하지요.

문제를 풀다 막힐 때가 있다면, 잠시 멈추고 다른 퍼즐 유형을 풀어보다가 다시 본래의 문제로 돌아와 이어서 풀어보길 바랍니다. 때로는 이렇게 머리를 환기하는 것만으로도 번뜩이는 영감을 얻을 수 있을 겁니다. 풀다가 도저히 뚫어낼 수 없을 정도로 꽉 막히는 문제가 생기더라도 걱정하지 마세요. 그럴 때를 대비해 최후의 수단으로 책에 친절

한 해답을 실어놓았습니다.

쉽게 실마리를 찾지 못하는 문제를 만나 해답 페이지에 손이 갈 수도 있겠지요. 하지만 영영 풀지 못할 것 같은 퍼즐을 끈질기게 붙잡고 늘어지면서 마침내 정답을 구해냈을 때의 쾌감은 그 무엇과도 바꿀 수 없는 즐거움입니다. 여러분이 그 즐거움을 온전히 느낄 수 있으면 좋겠습니다.

짧게는 며칠이나 일주일, 길게는 몇 달이 걸리더라도 꾸준히 퍼즐을 풀어보세요. 성취감과 자신감은 물론, 일상의 크고 작은 문제를 해결하는 능력까지 몰라보게 달라지리라 믿습니다. 더불어 이 책이 여러분의 일상을 새롭게 바꾸는 활력소가 된다면 더할 나위 없이 기쁠 것입니다.

흥미로운 공간 게임을 즐기며 두뇌를 단련해 보시기 바랍니다!

멘사란 무엇인가?

멘사란 '탁자'를 뜻하는 라틴어로, 지능지수 상위 2% 이내(IQ 148 이상)의 사람만 가입할 수 있는 천재들의 모임이다. 1946년 영국에서 창설되어 현재 100여 개국 이상에 14만여 명의 회원이 있다. 멘사코리아는 1998년에 문을 열었다. 멘사의 목적은 다음과 같다.

- 첫째, 인류의 이익을 위해 인간의 지능을 탐구하고 배양한다.
- 둘째, 지능의 본질과 특징, 활용처 연구에 힘쓴다.
- 셋째, 회원들에게 지적·사회적으로 자극이 될 만한 환경을 마련한다.

IQ 점수가 전체 인구의 상위 2%에 해당하는 사람은 누구든 멘사 회원이 될 수 있다. 우리가 찾고 있는 '50명 가운데 한 명'이 혹시 당신은 아닌지?

멘사 회원이 되면 다음과 같은 혜택을 누릴 수 있다.

- 국내외의 네트워크 활동과 친목 활동
- 예술에서 동물학에 이르는 각종 취미 모임
- 매달 발행되는 회원용 잡지와 해당 지역의 소식지
- 게임 경시대회, 친목 도모 등을 위한 지역 모임
- 주말마다 열리는 국내외 모임과 회의
- 지적 자극에 도움이 되는 각종 강의와 세미나
- 여행객을 위한 세계적인 네트워크인 'SIGHT' 이용 가능

멘사에 대한 좀 더 자세한 정보는 멘사코리아 홈페이지를 참고하기 바란다.

- 홈페이지 : www.mensakorea.org

차 례

일러두기

- 각 문제 아래에 있는 쪽번호 옆에 해결 여부를 표시할 수 있는 칸이 있습니다. 이 칸을 채운 문제가 늘어날수록 지적 쾌감도 커질 테니 꼭 활용해 보시기 바랍니다.
- 이 책에서 '직선'은 '두 점 사이를 가장 짧게 연결한 선'이라는 사전적 의미로 사용되었습니다.
- 이 책의 해답란에 실린 해법 외에도 답을 구하는 다양한 방법이 있음을 밝혀둡니다.

MENSA PUZZLE

멘사퍼즐 공간게임

문 제

아래 놓인 시계는 자정에는 정확했지만, 그 순간 이후부터 시간당 3.75
분씩 느려지기 시작했다. 24시간도 지나지 않아 시계는 30분 전에 멈
췄다. 그렇다면 지금은 몇 시일까?

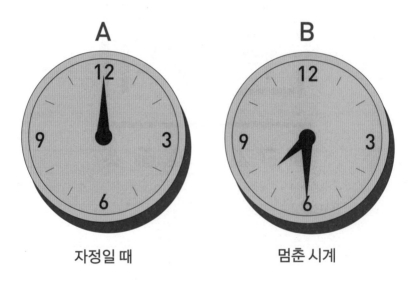

A
자정일 때

B
멈춘 시계

저울 1과 2는 완벽한 균형을 이루고 있다. 저울 3의 균형을 맞추려면
물음표에 몇 개의 별이 있어야 하는가?

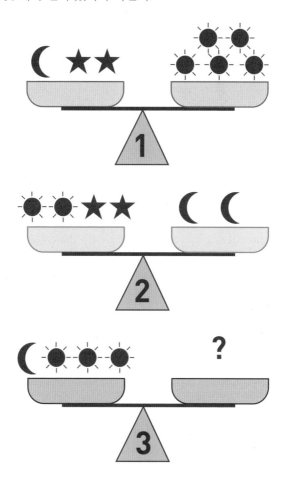

다음 A~D 중 나머지 셋과 다른 하나는?

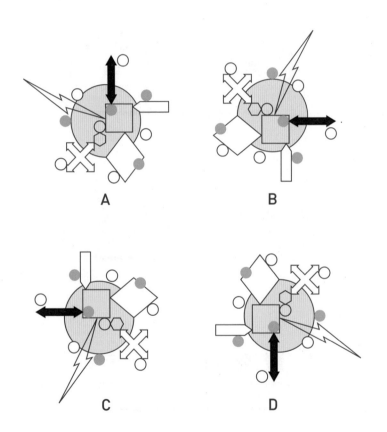

A

B

C

D

다음에 있는 도형들은 제각기 값을 갖고 있다. 저울 1과 2는 완벽한 균형을 이루고 있다. 저울 3의 균형을 맞추려면 물음표 자리에 몇 개의 정사각형이 올려져야 하는가?

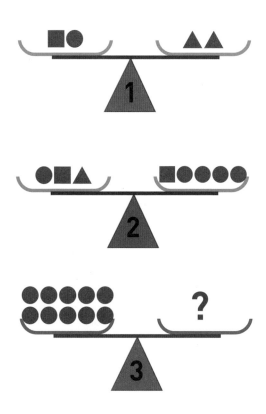

다음 시계들의 시침과 분침은 이상하지만 논리적으로 움직인다. 네 번째 시계는 몇 시인가?

다음에 모아놓은 A ~ Z 중에서 사라진 알파벳이 있다. 사라진 글자들을 모두 찾으면 독일 도시 이름의 철자가 보일 것이다. 어떤 도시일까?

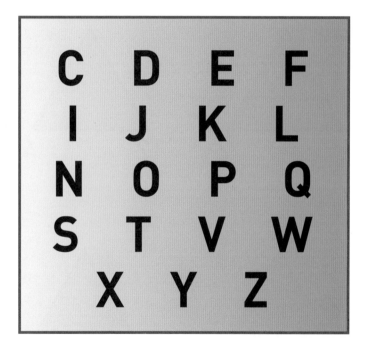

다음에 놓은 삼각형은 각 꼭지점에 숫자가 있다. 그렇다면 네 번째 삼각형을 둘러싸고 있는 숫자들은?

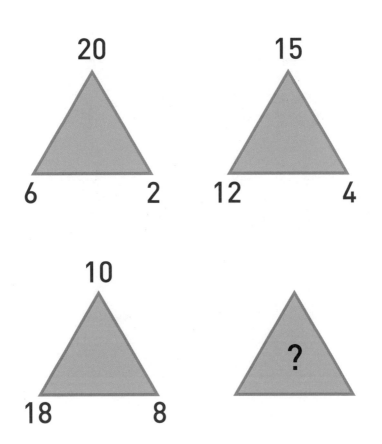

다음 그림에서 물음표 자리에는 보기 A, B, C, D 중 어떤 상자가 와야
하는가?

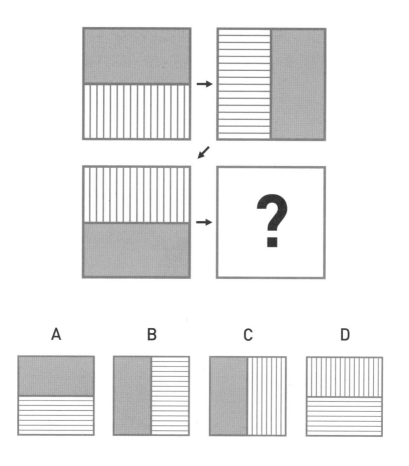

A   B   C   D

여기 특이한 금고가 있다. OPEN 버튼에 도달하려면 바깥쪽 버튼부터 모든 버튼을 한 번씩만 올바른 순서로 눌러야 한다. 버튼에는 숫자와 알파벳이 써 있는데, 알파벳은 이동 방향을 뜻하고 숫자는 이동할 칸 수를 뜻한다. 알파벳 i는 안으로, o는 밖으로, c는 시계 방향, a는 시계 반대 방향이라는 표시다. 금고를 열려면 어느 버튼을 제일 먼저 눌러 야 하는가?

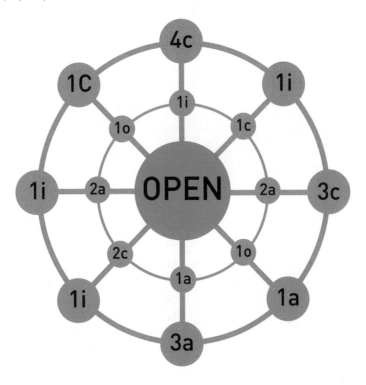

다음 그림에서 물음표 자리에 들어갈 수 있는 숫자는 무엇인가?

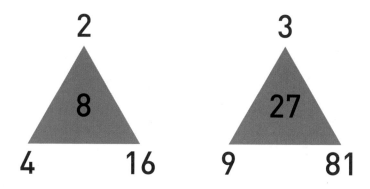

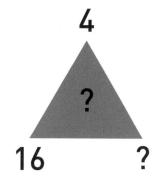

다음 표에 있는 모양은 각기 값을 지닌다. 그리고 표 바깥에 있는 숫자는 각 행 또는 열의 값을 더한 값이다. 물음표 자리에 알맞은 숫자는 무엇인가? 또 각 모양의 값은 무엇인가?

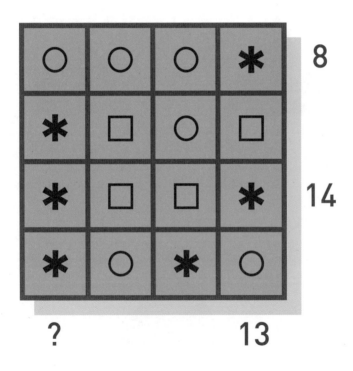

012

다음 A, B, C, D 중에서 가장 둘레가 긴 도형은 어느 것인가?

013

다음 그림에서 작은 톱니바퀴는 1분에 몇 번 회전하는가?

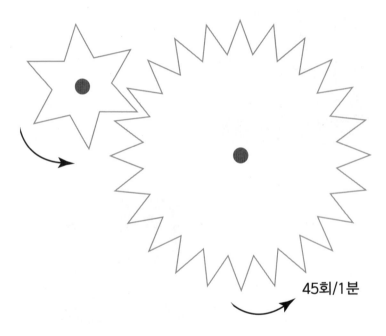

45회/1분

답:163쪽

여기 특이한 금고가 있다. OPEN 버튼에 도달하려면 모든 버튼을 한 번씩만 올바른 순서로 눌러야 한다. 각 버튼에는 가능한 이동 횟수와 함께 이동 방향이 적혀 있다.(예: 1NW = 북서쪽으로 1칸) 어떤 버튼을 먼저 눌러야 하는가? 시작 버튼은 안쪽이든 바깥쪽이든 상관없다.

4SE	1E	4S	1SE	4SW
2S	1E	1NE	1SE	1SW
1E	1NW	OPEN	2NW	2W
3E	3NE	1SW	3NW	1SW
2N	1N	1N	3N	1N

칸들로 둘러싸인 가운데 숫자들은 규칙에 따른 것이다. 물음표 자리에
알맞은 숫자는 무엇인가?

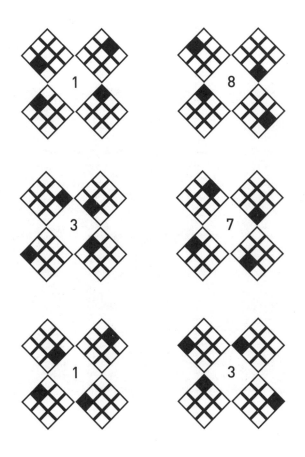

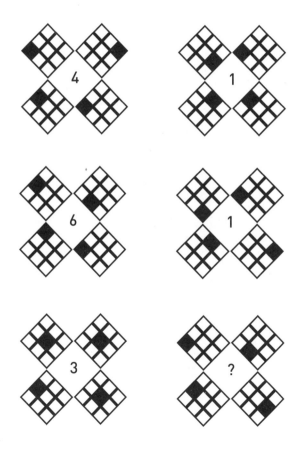

다음 그림에서 물음표 자리에 들어갈 수 있는 두 숫자는?

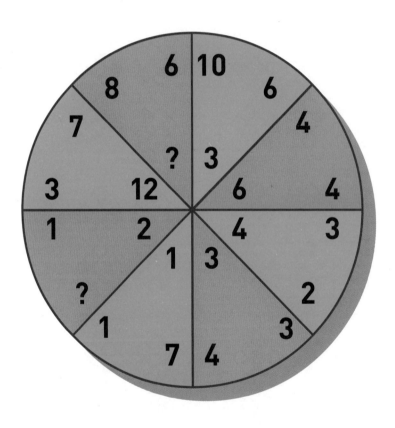

이 이상한 표지판 위에 있는 도시와 거리를 나타내는 숫자 사이에는
일정한 규칙이 있다. 애버딘까지의 거리는 얼마인가?

에든버러(Edinburgh)	**50**
카디프(Cardiff)	**30**
브리스틀(Bristol)	**20**
애버딘(Aberdeen)	**?**
입스위치(Ipswich)	**90**

선 8개를 제거해 정사각형 두 개만 남기려면 어떻게 해야 할까?

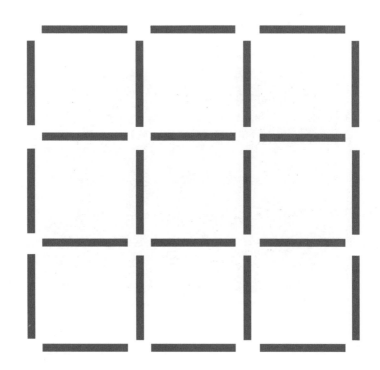

019

아래에 전 야구 스타 한 명과 전 미식축구 스타 한 명의 이름이 뒤섞여 있다. 그들은 누구인가?

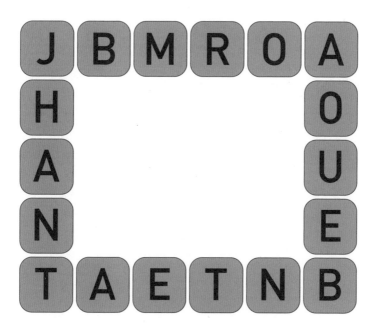

다음 표에서 같은 무늬로 조합된 칸은 어떤 것과 어떤 것인가?

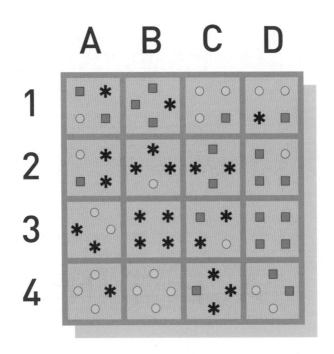

맨 왼쪽 원부터 맨 오른쪽 원까지 선을 따라 오른쪽으로만 이동하면서, 이동하는 대로 나오는 숫자와 타원의 값을 더해라. 작은 타원 하나의 값은 –37이다. 최종 값이 152가 나오는 경로는 몇 개일까?

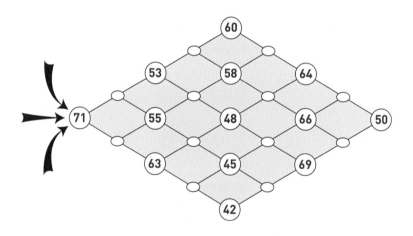

다음의 숫자들 중 나머지 넷과 다른 하나는?

313

454

262

695

727

 답:165쪽

맨 아랫줄 물음표 자리에는 어떤 숫자가 들어가야 하는가?

2	1	4	7
5	4	5	9
3	1	8	6
8	3	?	4

맨 아랫줄에 들어갈 수 있는 숫자는?

8	6	5	3	6
5	1	5	2	4
3	5	0	1	2
1	6	5	1	2
?	?	?	?	?

다음 그림에서 각각의 모양은 일정한 값을 지닌다. 저울 1과 2는 완벽한 균형을 이루고 있다. 저울 3의 균형을 맞추려면 몇 개의 정사각형이 필요한가?

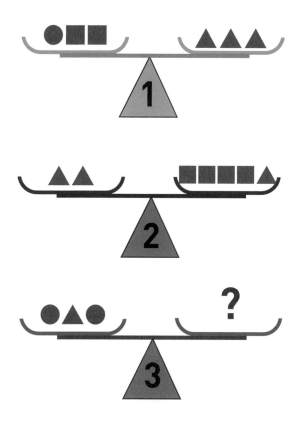

026

다음의 숫자들 중 나머지 다섯과 다른 하나는?

4

8

10

32

64

128

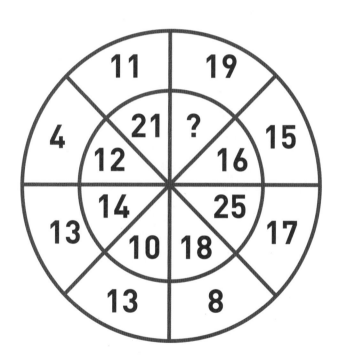

027

물음표 자리에 들어갈 수 있는 숫자는?

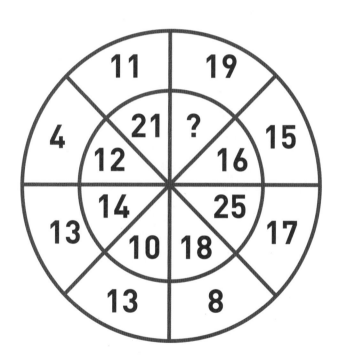

맨 왼쪽 위 칸부터 화살표의 방향이 일정한 패턴을 따른다. 사라진 화
살표는 어떤 방향이며, 패턴은 어떤 순서로 진행되고 있을까?

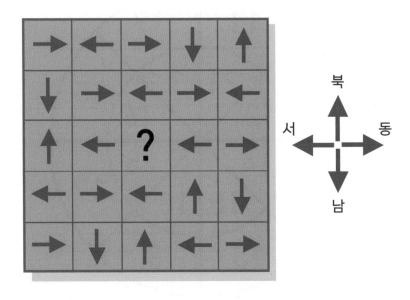

빈칸의 적절한 위치에 알맞은 숫자 블록을 집어넣어 모든 열과 행, 가장 긴 대각선의 합이 각각 105가 되도록 만들어라.

| 27 | 25 | 16 |

| -2 | -4 | 36 |

| 14 | 5 | 3 |

| 18 | 9 | 0 |

			39			
			31			
			23			
35	26	24	15	6	4	-5
			7			
			-1			
			-9			

| 2 | -7 | 33 |

| -6 | 34 | 32 |

| 19 | 17 | 8 |

| 38 | 29 | 20 |

| -3 | 37 | 28 |

| 10 | 1 | -8 |

| 22 | 13 | 11 |

| 30 | 21 | 12 |

만약 아래의 수기 신호들이 마이클 잭슨과 폴 매카트니를 나타내는 것
이라면, 주어진 다른 신호들은 누구를 나타내는가?

Michael Jackson

Paul McCartney

1.

2.

3.

4.

5.

네 번째 시계는 몇 시를 가리켜야 하는가?

1.

2.

3.

4.

032

큰 공은 작은 공의 1과 3분의 1배 무게이다. 저울의 균형을 맞추려면
오른쪽에 큰 공과 작은 공을 몇 개씩 더 놓아야 할까?

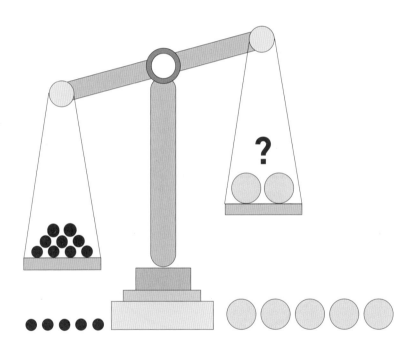

물음표 자리에 들어갈 수 있는 숫자는?

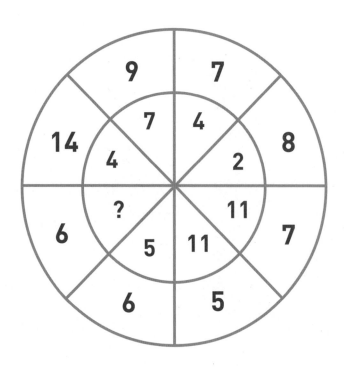

네 번째 시계는 몇 시를 가리켜야 하는가?

1.

2.

3.

4.

물음표 자리에 들어갈 수 있는 박테리아 배양 접시는 A~E 중 어떤 것
인가?

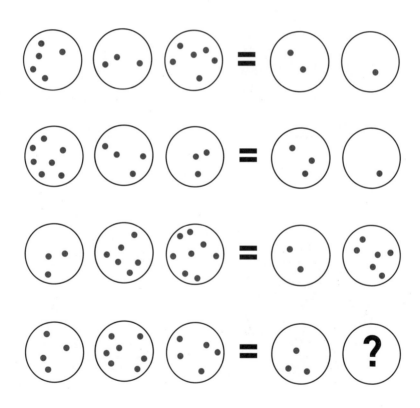

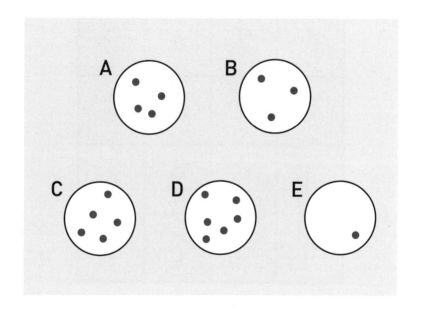

물음표 자리에 들어갈 수 있는 숫자는?

6	7	4	8
2	3	0	0
4	5	2	4
5	6	3	?

이 시계는 자정에는 정확했지만, 그 순간 이후부터 시간당 1분씩 느리게 갔다. 24시간도 지나지 않아 시계는 1시간 전에 멈췄다. 지금은 몇 시인가?

A

자정일 때

B

멈춘 시계(오전)

다음 중 같은 상자가 아닌 것은 A~F 중 어떤 것인가?

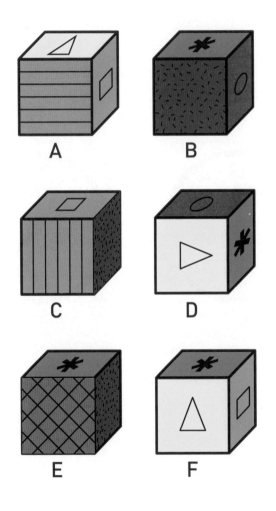

다음에서 물음표 자리에 들어갈 그림은 A, B, C, D 중 어떤 것인가?

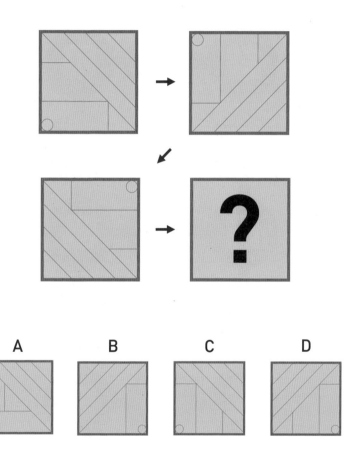

물음표 자리에 들어갈 수 있는 숫자는?

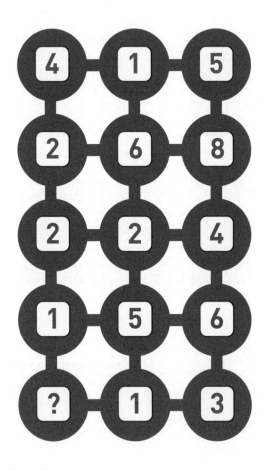

답:167쪽

표에 있는 과일들은 각각 일정한 값을 가지며, 그중 하나는 음수다. 물음표 자리에 들어갈 수 있는 숫자는 무엇인가?

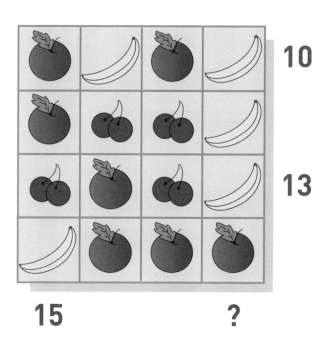

둘레가 가장 긴 그림은 A~D 중 어떤 것인가?

A

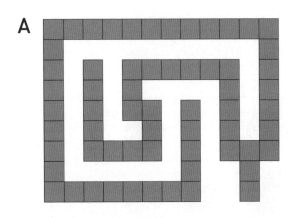

B

C
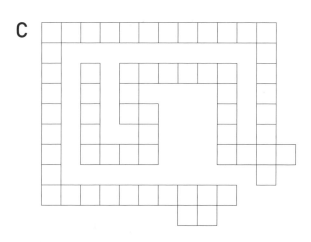

D
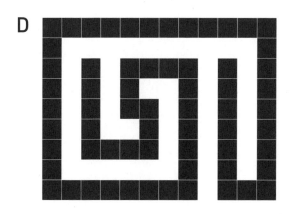

맨 위쪽 원에서 맨 아래쪽 원까지 선을 따라 아래로만 이동하면서 지나는 원의 숫자를 모두 더한다. 숫자가 없는 작은 타원의 값은 −20이다. 맨 아래쪽 원 12에 도착하는 모든 경로를 찾았을 때 가장 많이 중복되는 결괏값은 얼마인가?

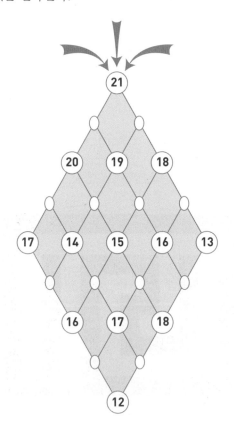

044

상자의 각 면에는 다른 기호가 있다. 다음 중 같은 상자가 아닌 것은
A~D 중 어떤 것인가?

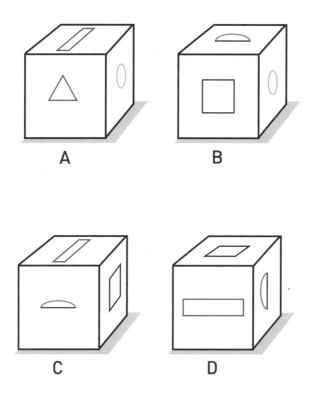

045

아래 그림에는 세 가지 스포츠를 가리키는 영어 철자가 쓰인 카드들이 뒤섞여 있다. 중복 없이 모든 카드를 사용했을 때 찾아낼 수 있는 세 스포츠의 이름은 각각 무엇일까?

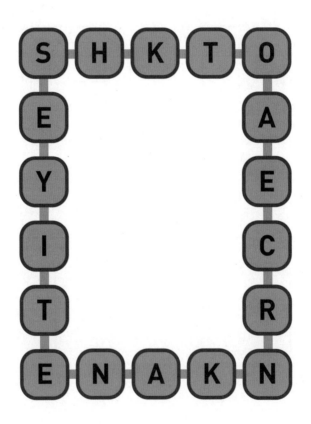

다음 모양을 완벽한 사각형으로 만들려면 A~E 중 어떤 조각을 넣어야 할까?

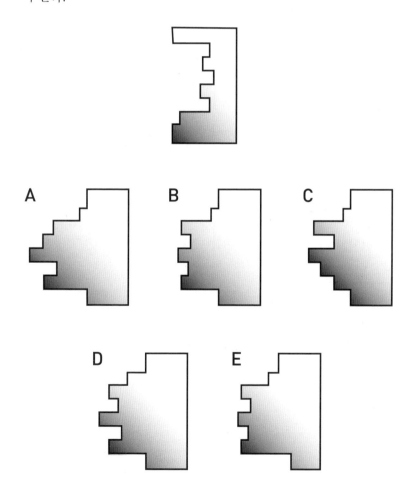

A

B

C

D

E

물음표 자리에 들어갈 수 있는 숫자는?

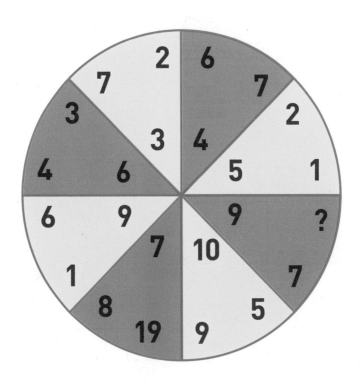

시계들이 이상하게 움직이고 있다. 네 번째 시계는 몇 시를 나타내야 하는가?

1.

2.

3.

4.

아래 암호 표에서 적절한 철자를 찾아 빈칸을 채워라. 빈칸의 위와 아래에 있는 암호 중 하나를 택해 단어를 완성하면 된다. 위와 아래에 있는 암호 중 하나는 맞는 철자이지만 다른 하나는 틀린 철자이다. 정확한 철자로 채워지면 카리브해에 있는 섬나라의 이름이 된다. 어떤 나라일까?

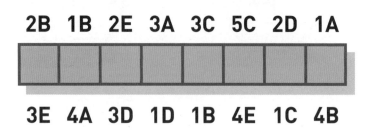

물음표 자리에 들어갈 수 있는 숫자는?

3	1	4	2	7
5	6	6	5	0
7	8	9	6	9
1	9	4	1	5
2	6	?	2	5

051

다음 동물들 중 나머지 네 마리와 공통점으로 묶이지 않는 동물이 하
나 있다. 어떤 동물이 다른가?

답:169쪽

상자의 각 면에는 다른 무늬가 있다. 다음 중 같은 상자가 아닌 것은
A~D 중 어떤 것인가?

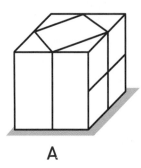

A

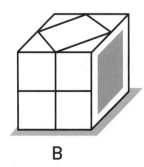

B

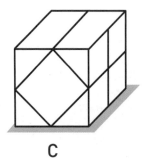

C

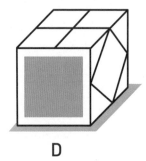

D

053

맨 왼쪽 원에서 맨 오른쪽 원까지 선을 따라 오른쪽으로만 이동하면서
지나는 원의 숫자를 모두 더한다. 숫자가 없는 작은 타원의 값은 -13
이다. 맨 오른쪽 원 24에 도착했을 때 얻을 수 있는 최댓값과 최솟값은
각각 얼마인가?

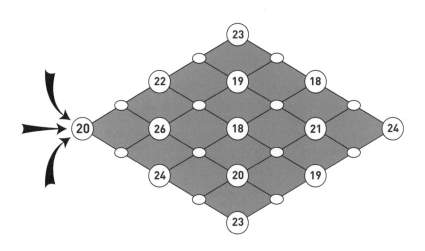

물음표 자리에 들어갈 수 있는 두 숫자는?

4	3	4
9	5	8
3	9	2
3	5	0
7	?	?

맨 왼쪽 원에서 맨 오른쪽 원까지 선을 따라 오른쪽으로만 이동하면서
지나는 원의 숫자를 모두 더한다. 숫자가 없는 작은 타원의 값은 -41
이다. 이때 0을 얻을 수 있는 경로는 몇 개인가?

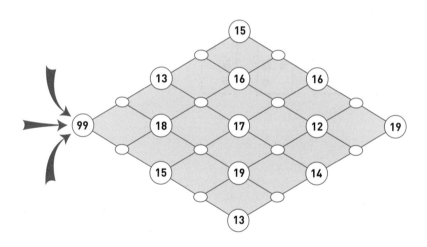

056

다음 암호 카드를 맞춰서 늘어놓으면 'ancient gods'(고대의 신)이라
는 단어가 된다. 1~6번의 암호 카드는 어떤 신들을 가리키는가?

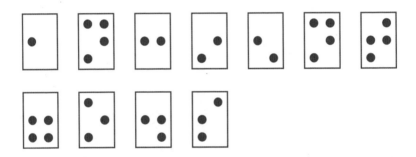

1.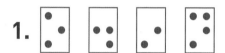

2.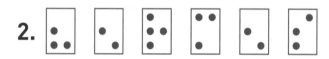

3.

4.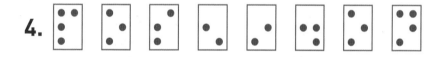

5.

6.

각 조각에 있는 알파벳들을 결합하면 4개의 항공사 이름을 얻을 수 있다. 그러려면 가운데 있는 물음표 자리에는 어떤 알파벳을 넣어야 할까?

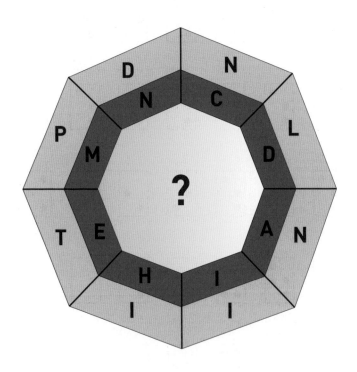

058

다음 암호 카드가 'scientist'(과학자)라는 단어를 가리킨다면, 1~6번에 들어갈 과학자들은 누구인가?

1.

2.

3.

4.

5.

6.

알파벳이 쓰인 다음 다이얼을 돌려서 알맞게 맞추면 유명한 여배우들 8명의 이름과 성을 알 수 있다. 그들은 누구인가? (5개 이상 찾아낸다면 정답으로 인정한다.)

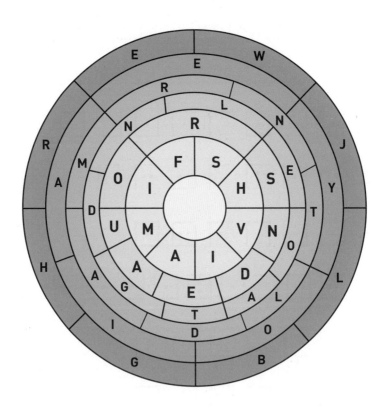

각 조각에 있는 알파벳들을 결합하면 4명의 예술가를 찾아낼 수 있다.
그러려면 가운데 있는 물음표 자리에는 어떤 알파벳을 넣어야 할까?

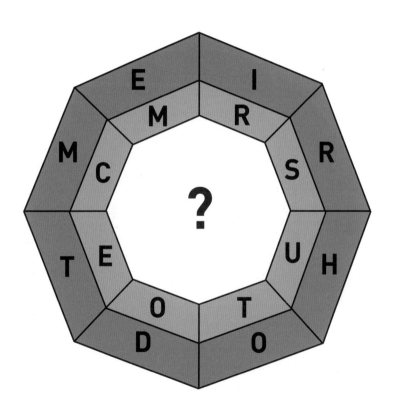

다음과 같은 특이한 금고의 다이얼을 돌리면 과거부터 현재까지 유명한 스포츠 스타 12명의 성을 알 수 있다. 그들은 누구인가? (8명 이상의 성을 알아낸다면 정답으로 인정한다.)

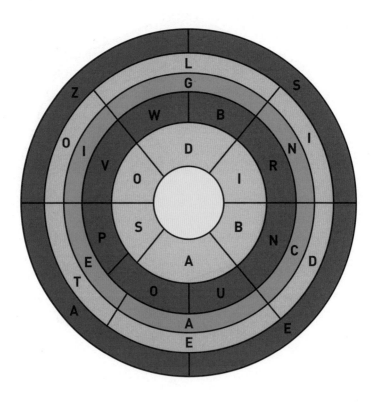

다음 암호 카드가 Diego Maradona(디에고 마라도나)와 Jack Char
lton(잭 찰튼)의 이름을 나타낸다면, 1~5번의 암호 카드는 어떤 축구
선수들을 가리킬까?

1.

2.

3.

4.

5.

063

작은 사각형 안에 있는 문자 배열은 그대로 두고 작은 사각형 상자들의 위치를 바꾸어라. 그런 다음 가장 바깥쪽 네 변에 위치한 알파벳 세 개를 숫자로 바꾸고, 같은 변에 있던 세 숫자를 더해 다시 문자로 전환시키면 알파벳 네 글자로 이루어진 로마 신의 이름이 나온다. 그는 누구일까?

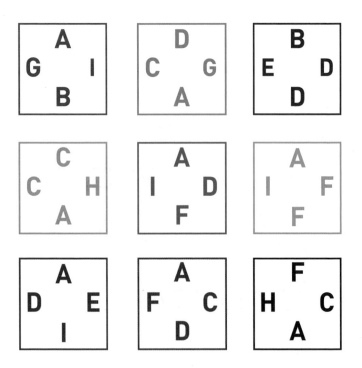

다음 미로에서 출발점에서 도착점까지 가는 4개의 경로를 찾아라. 각 경로는 길이 겹칠 수 있지만, 서로 교차할 수는 없다. 각각의 경로에서 6개의 문자를 모으면 네 명의 과학자 이름을 얻을 수 있을 것이다. 그들은 누구인가?

FINISH

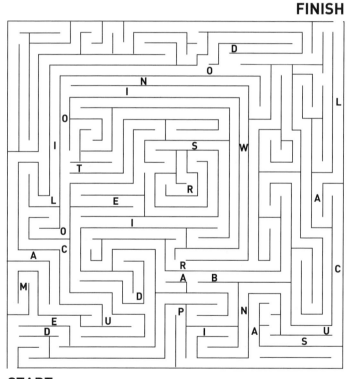

START

065

아래 암호 박스에서 적절한 철자를 찾아 빈칸을 채워라. 빈칸의 위와 아래에 있는 암호 중 하나를 택해 단어를 완성하면 된다. 위와 아래에 있는 암호 중 하나는 맞는 철자이지만 다른 하나는 틀린 철자이다. 정확한 철자로 채워지면 미국 도시 이름이 된다. 어떤 도시일까?

	A	B	C	D	E
1	I	D	B	F	T
2	Y	N	Q	G	C
3	V	J	H	R	X
4	M	A	E	K	P
5	C	Z	S	O	U

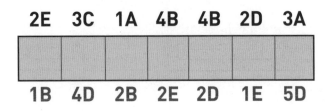

2E	3C	1A	4B	4B	2D	3A
1B	4D	2B	2E	2D	1E	5D

고대 이집트의 묘지를 안내하는 이상한 표지판이 있다. 여기서 토트 (Thoth)의 묘지까지의 거리는 얼마인가?

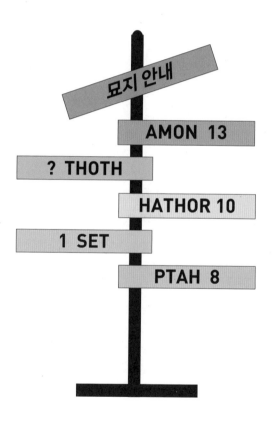

다음 그림에서 두 조각씩 짝지으면 과학자 세 명의 이름을 찾을 수 있다. 그들은 누구인가?

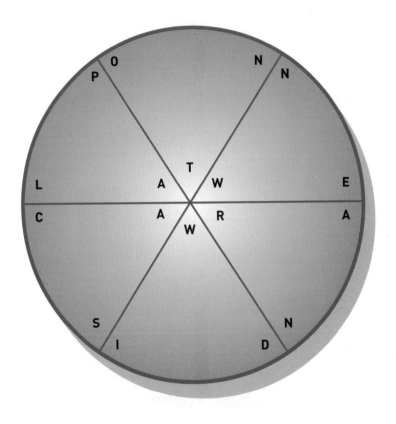

'가로로 한 칸, 세로로 두 칸' 또는 '가로로 두 칸, 세로로 한 칸'을 움직이는 기사가 가운데 칸 S에서 시작해서 똑같은 칸을 밟지 않고 모든 칸에 한 번씩 도착해야 한다. 지나는 알파벳을 모두 이었을 때 네 명의 유명한 작가 이름이 되려면 경로를 어떻게 이동해야 할까?

A	E	W	N	S	K	L
R	N	M	N	I	E	H
H	I	A	R	P	D	I
E	A	E	S	J	A	A
L	P	E	S	A	N	E
C	T	T	I	O	U	K
E	L	S	S	E	W	G

B, R, Y, A, N으로 정사각형의 칸들을 채워라. 행이나 열 또는 대각선에 중복되는 글자 없이 정사각형을 채웠을 때 물음표 자리에 들어갈 수 있는 알파벳은 무엇인가?

다음 미로에서 출발점에서 도착점까지 가는 4개의 경로를 찾아라. 각
경로는 길이 겹칠 수 있지만, 서로 교차할 수는 없다. 각각의 경로에서
6개의 문자를 모으면 네 개의 음악 용어를 알려줄 것이다. 어떤 용어
인가?

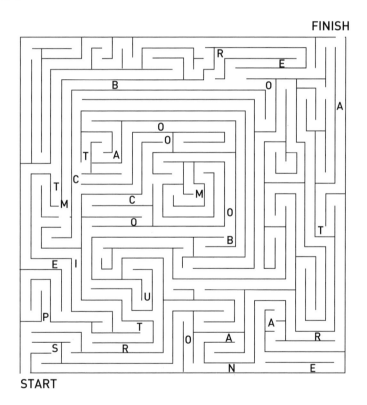

다음 두 그림은 대응 관계가 성립된다. 그렇다면 먼지는 보기 A~F 중
어느 것에 대응할까?

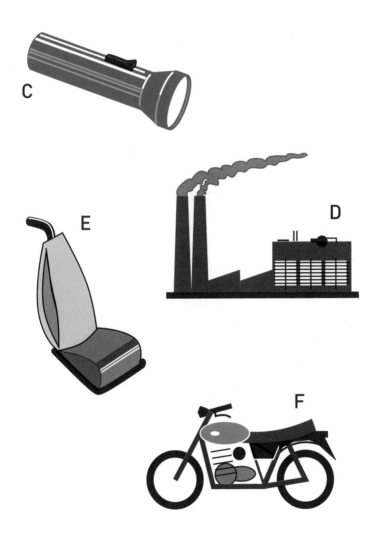

C

D

E

F

다음 그림에서 가운데 블록 조각에 들어맞는 조각은 A~F 중 어느 것인가?

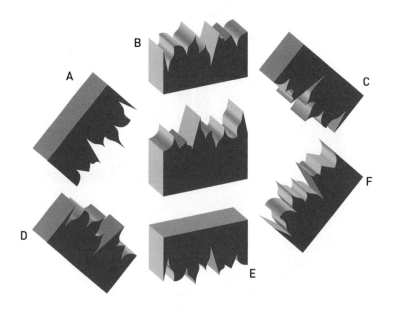

다음 A~D 중 나머지 셋과 다른 하나는?

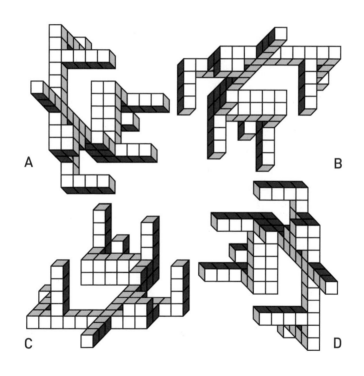

다음 그림에서 물음표 자리에 올 그림은 A~E 중 어느 것인가?

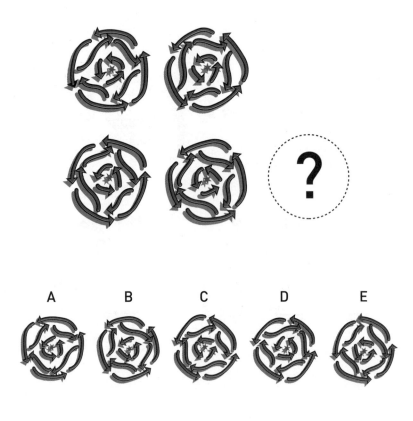

다음 정사면체를 펼친 그림은 A~F 중 어떤 것인가?

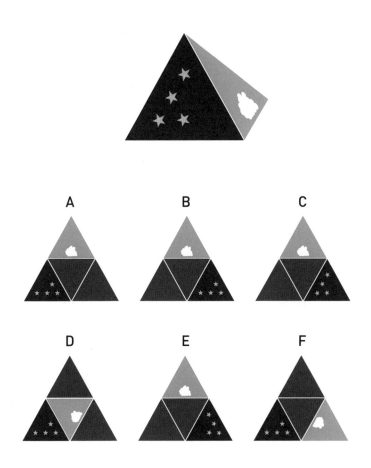

다음 A~D 중 나머지 셋과 다른 하나는?

A

B

C

D

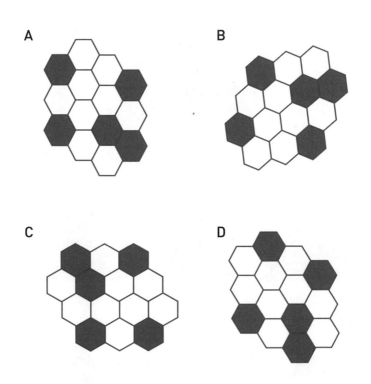

다음 A~D 중 나머지 셋과 다른 하나는?

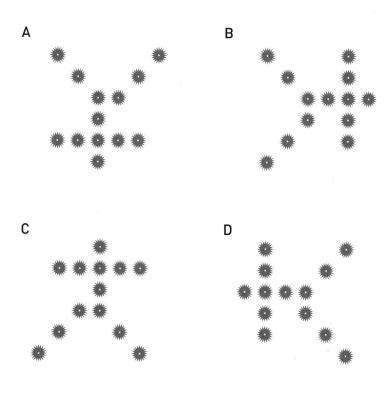

다음에서 가운데 물음표 자리에 놓일 그림은 A~F 중 어느 것인가?

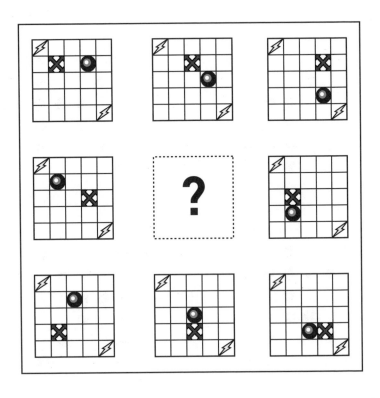

94

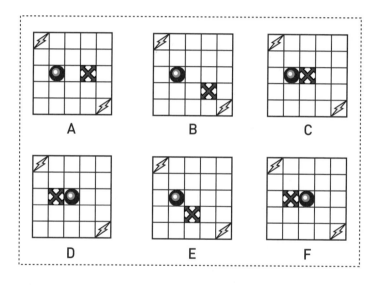

다음 A~E 중 나머지 넷과 다른 하나는?

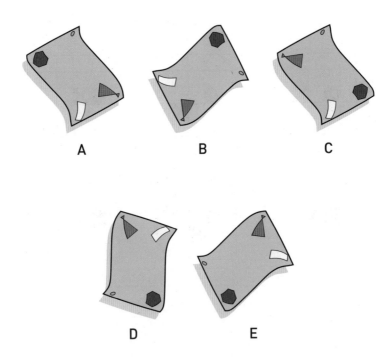

다음 A~D 중 나머지 셋과 다른 하나는?

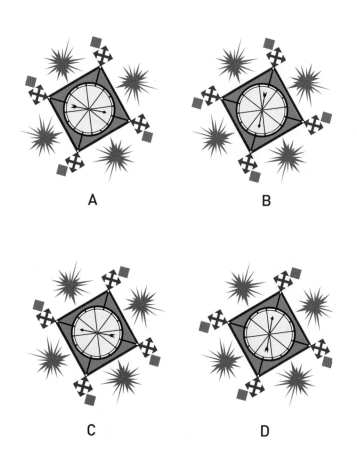

A

B

C

D

다음 원반들 중 나머지 셋과 다른 하나는?

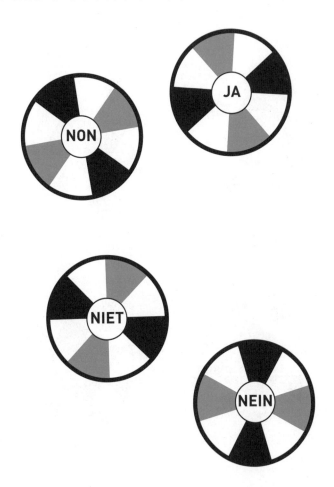

다음 벽에서 사라진 벽돌은 몇 개일까?

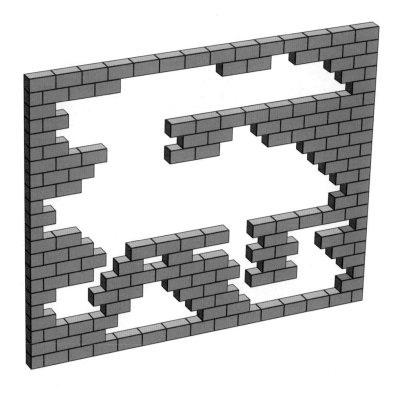

다음 A~E 중 나머지 넷과 다른 하나는?

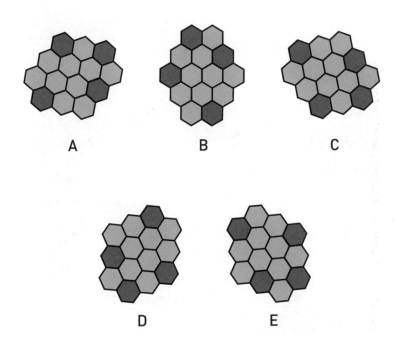

다음 빈 곳에 꼭 맞는 모양은 A~D 중 어떤 것인가?

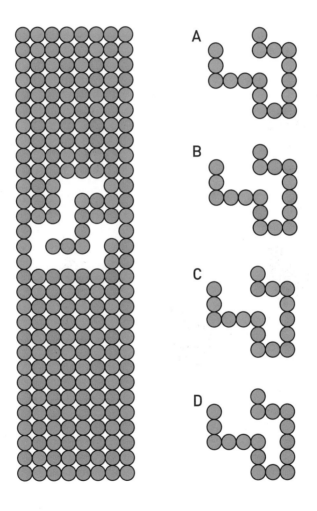

표범, 벼룩, 개, 토끼는 각각 다른 값을 지니며, 아래 그림과 같은 관계가 있다고 한다. 묶음 표시한 동물들의 합을 뜻하는 물음표 자리에는 보기 A~F 중 어떤 것이 올 수 있겠는가?

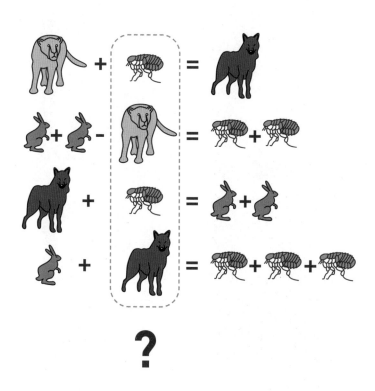

A
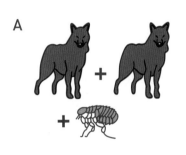

B
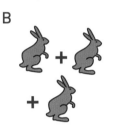

C
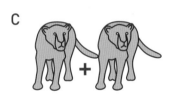

D

E

F
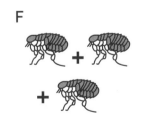

다음 A~D 중 나머지 셋과 다른 하나는?

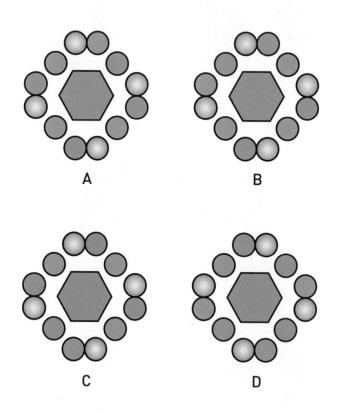

다음 A~H 중 나머지 일곱과 다른 하나는?

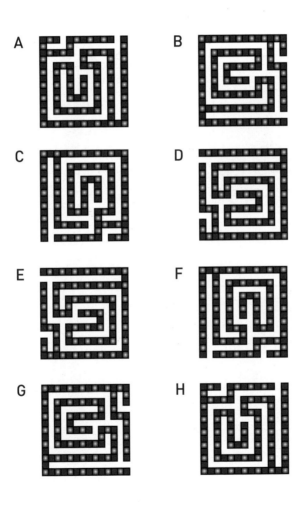

다음 A~D 중 나머지 셋과 다른 하나는?

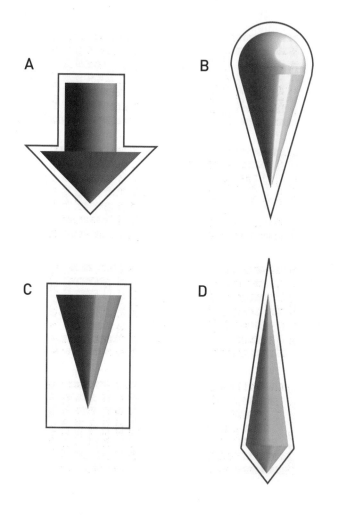

A

B

C

D

다음에서 물음표 자리에 올 그림은 A~D 중 어느 것인가?

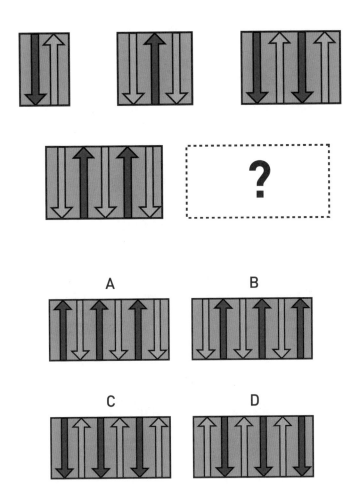

다음 A~J 중 나머지 여섯 개와 다르고, 서로는 같은 두 개는 어떤 것 인가?

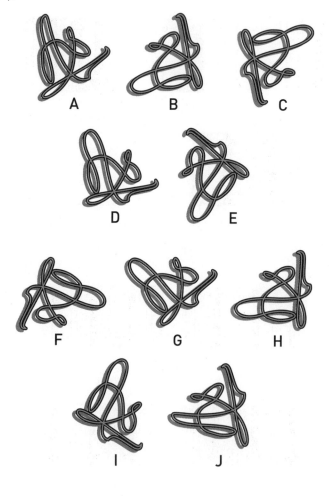

다음 정육면체의 펼친 면은 보기 A~D 중 어떤 것인가?

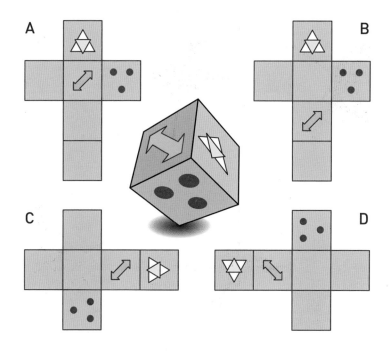

092

다음 물음표 자리에 올 전투기는 A~J 중 어떤 것인가?

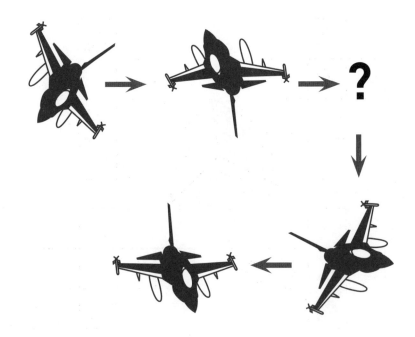

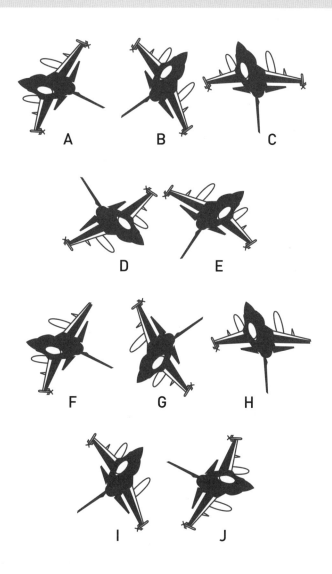

A

B

C

D

E

F

G

H

I

J

다음에서 물음표 자리에 올 그림은 A~G 중 어느 것인가?

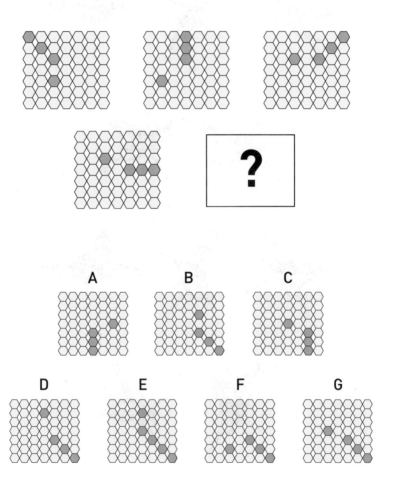

다음 A~D 중 나머지 셋과 다른 하나는?

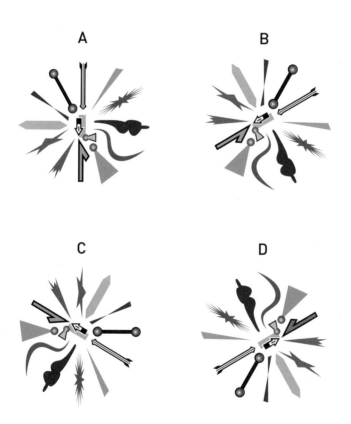

사파리의 공원 경비원인 당신은 다른 생물들에게 공격당하지 않고 가능한 한 많은 방울뱀을 채집해야 한다. 단, 살쾡이와 곰 구역에 발을 들여놓으면 바로 공격당할 것이므로 조심해야 한다. 생물이 없는 빈 구역이라도 살쾡이 또는 곰과 인접한 구역은 들어갈 수 없다. 빨간색 칸에서 출발해 출구에 도착하면 된다. 길을 어떻게 지나야 가장 많은 방울뱀을 채집하고 빠져나올 수 있을까?

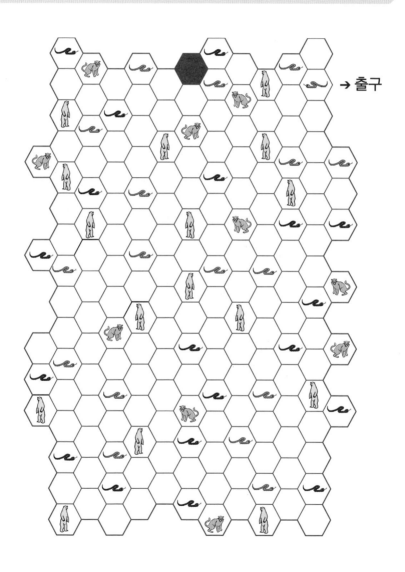

→ 출구

물음표 자리에 들어갈 수 있는 숫자는?

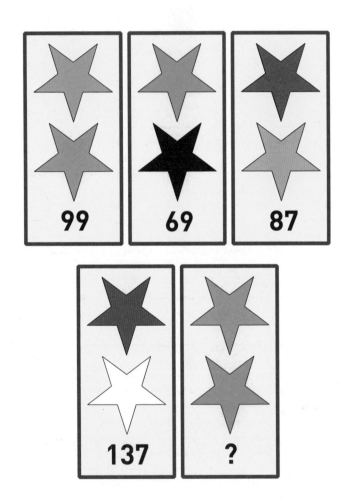

다음 A~D 중 나머지 셋과 다른 하나는?

A

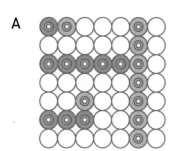

B

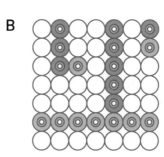

C

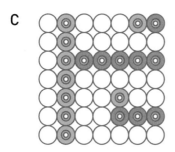

D

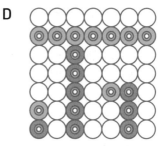

물음표 자리에 들어갈 그림은 보기 A~F 중 어떤 것인가?

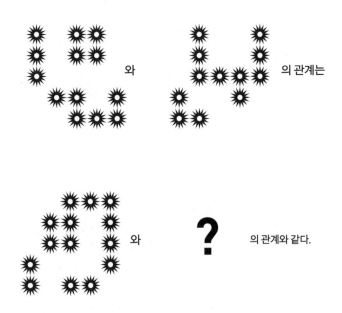

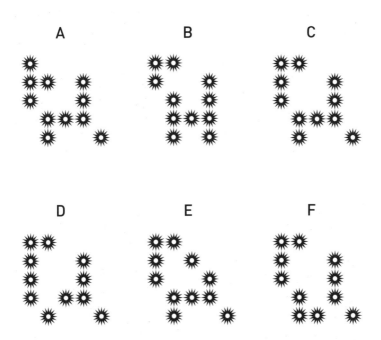

다음 A~D 중 나머지 셋과 다른 하나는?

A

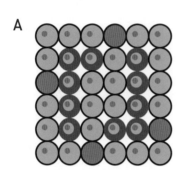

B

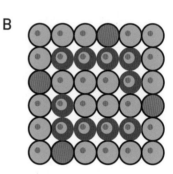

C

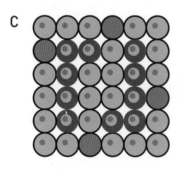

D

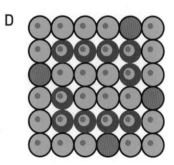

다음 A~D 중 똑같은 두 마리의 새는 어느 것과 어느 것인가?

A   B

C   D

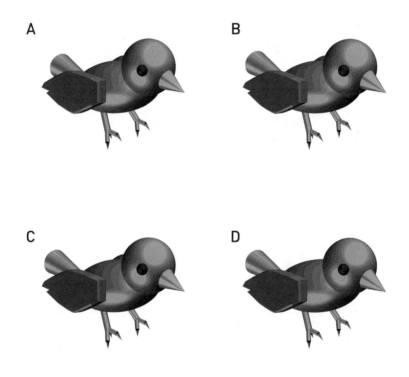

다음 A~D 중 나머지 셋과 다른 하나는?

A
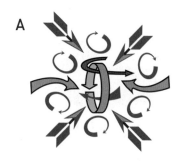

B
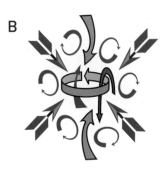

C
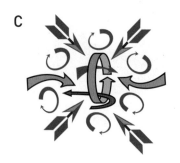

D
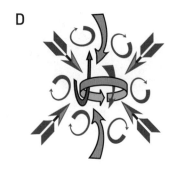

다음 그림에서 네 개의 직선을 써서 다음 조건을 각각 하나씩 충족하는 다섯 개의 조각으로 나누어라. 단, 선의 양 끝이 반드시 그림의 변에 닿을 필요는 없다.

1. 스쿠버 다이버 1명, 물고기 3마리, 커다란 거품 4개, 소라 껍데기 4개
2. 스쿠버 다이버 1명, 물고기 3마리, 커다란 거품 5개, 소라 껍데기 5개
3. 스쿠버 다이버 1명, 물고기 3마리, 커다란 거품 6개, 소라 껍데기 6개
4. 스쿠버 다이버 1명, 물고기 3마리, 커다란 거품 7개, 소라 껍데기 7개
5. 스쿠버 다이버 1명, 물고기 3마리, 커다란 거품 8개, 소라 껍데기 8개

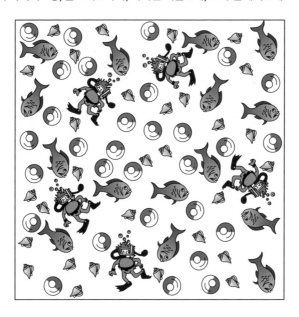

다음 A~F 중 나머지 넷과 다른 두 개는 어느 것과 어느 것인가?

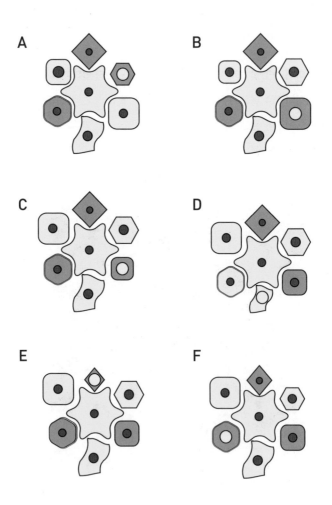

물음표 자리에 들어갈 그림은 보기 A~H 중 어떤 것인가?

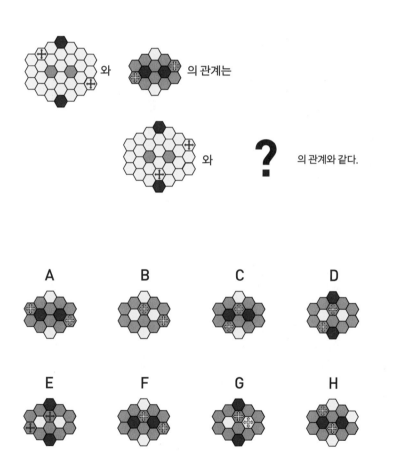

다음 A~H 중 나머지 일곱과 다른 하나는?

A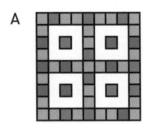

B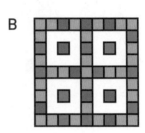

C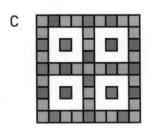

D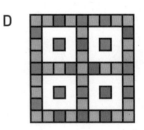

E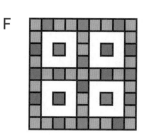

F

G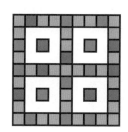

H

물음표 자리에 들어갈 수 있는 숫자는?

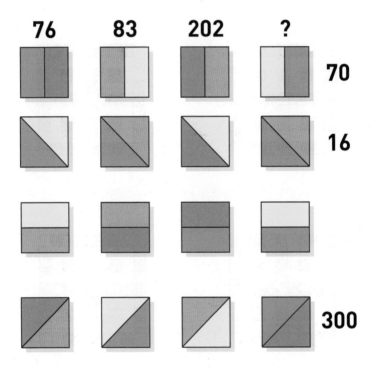

아래 미로의 왼쪽 끝에서 출발해 오른쪽 끝에 도착할 수 있는 유일한
경로를 찾아라.

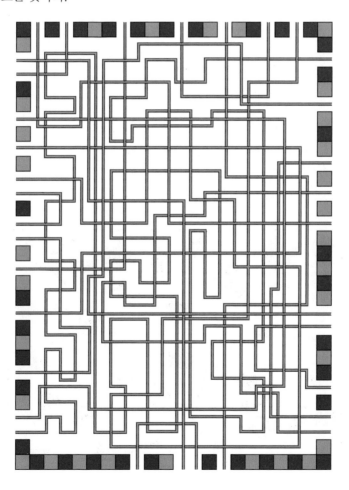

다음 그림에서 세 개의 직선을 써서 다음 조건을 각각 하나씩 충족하는 여섯 개의 조각으로 나누어라. 단, 선의 양 끝이 반드시 그림의 변에 닿을 필요는 없다.

1. 물고기 1마리, 깃발 1개, 드럼 0개, 번개 표시 0개
2. 물고기 1마리, 깃발 1개, 드럼 1개, 번개 표시 1개
3. 물고기 1마리, 깃발 1개, 드럼 2개, 번개 표시 2개
4. 물고기 1마리, 깃발 1개, 드럼 3개, 번개 표시 3개
5. 물고기 1마리, 깃발 1개, 드럼 4개, 번개 표시 4개
6. 물고기 1마리, 깃발 1개, 드럼 5개, 번개 표시 5개

그림 A와 그림 B에서 다른 곳을 9개 찾아 그림 B에 표시하라.

A

B

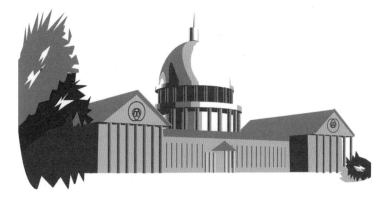

각기 다른 원 모양들은 서로 다른 값을 지니며, 아래 그림과 같은 관계
가 있다고 한다. 물음표 자리에는 어떤 숫자가 올 수 있을까?

🕊️	+	🔵	-	🌍 = 1
🔵	+	⭐	-	🕊️ = 5
🌍	+	⭐	-	🕊️ = 6
⭐	+	🌍	-	🔵 = 4

14   15   ?

답:179쪽

다음 순서에 올 수 있는 그림은 보기 A~E 중 어느 것인가?

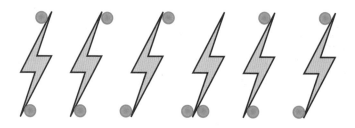

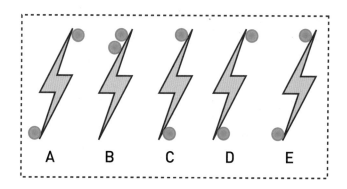

물음표 자리에 들어갈 수 있는 숫자는?

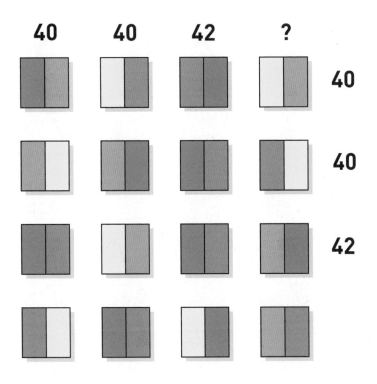

물음표 자리에 올 수 있는 그림은 보기 A~E 중 어느 것인가?

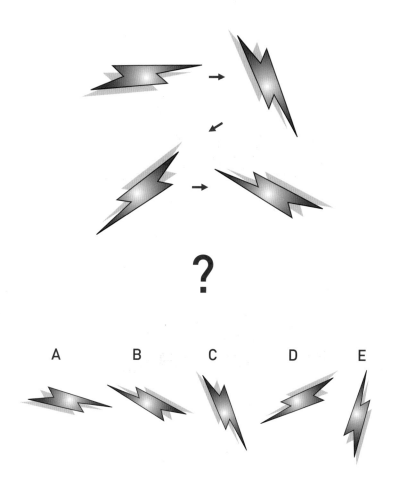

A　　　B　　　C　　　D　　　E

다음 A~D 중 나머지 셋과 다른 하나는?

A

B

C

D

다음 A~D 중 나머지 셋과 다른 하나는?

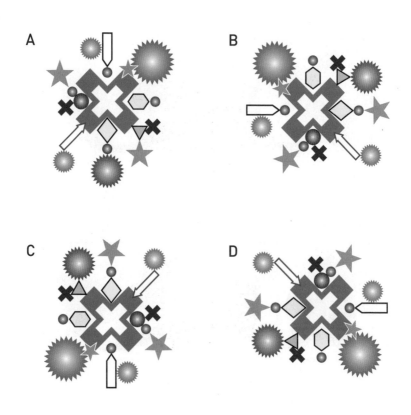

물음표 자리에 올 수 있는 모양은 보기 A~D 중 어느 것인가?

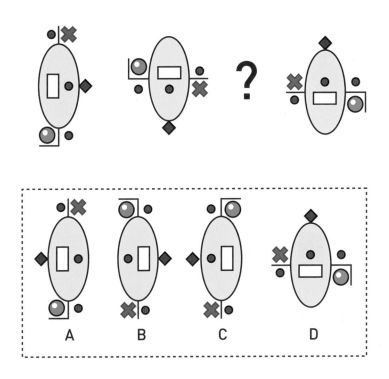

다음 A~D 중 나머지 셋과 다른 하나는?

A
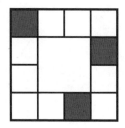

B
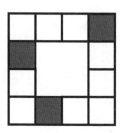

C
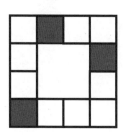

D
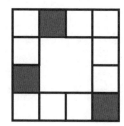

다음 A~D 중 나머지 셋과 다른 하나는?

A

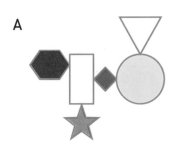

B

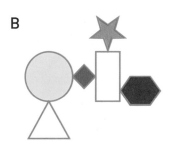

C

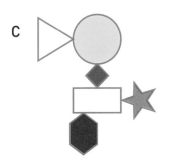

D

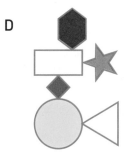

119

물음표 자리에 올 수 있는 모양은 보기 A~D 중 어느 것인가?

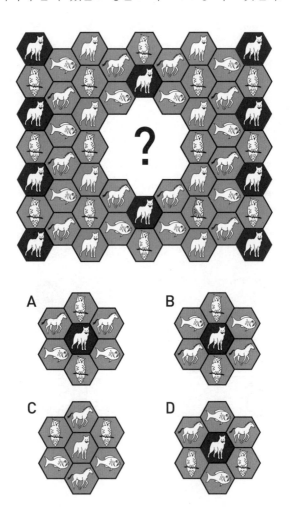

120

다음에 있는 상자의 펼친 면은 보기 A~D 중 어느 것인가?

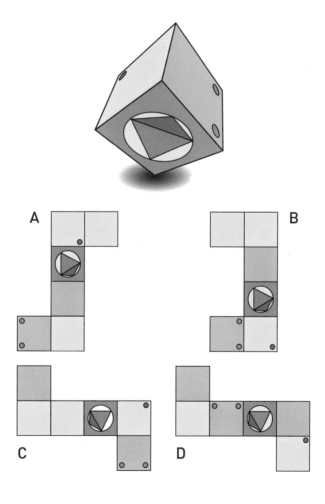

A

B

C

D

물음표 자리에 들어갈 그림은 보기 A~D 중 어느 것인가?

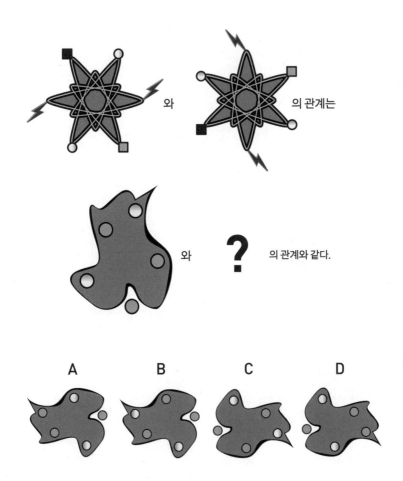

A   B   C   D

다음 A~D 중 나머지 셋과 다른 하나는?

A

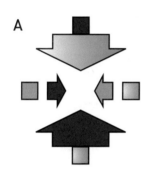

B

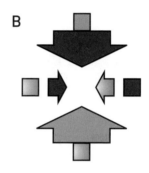

C

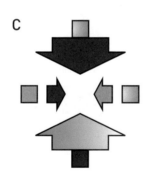

D

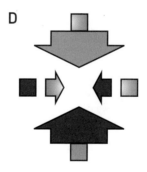

물음표 자리에 들어갈 수 있는 숫자는?

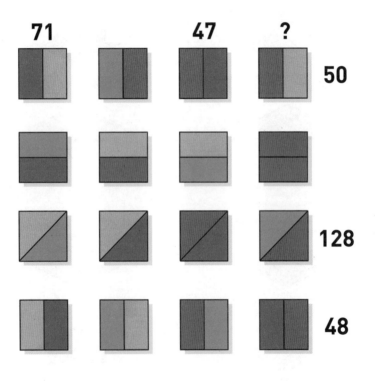

물음표 자리에 들어갈 세 그림은 보기 A~F 중 각각 어느 것인가?

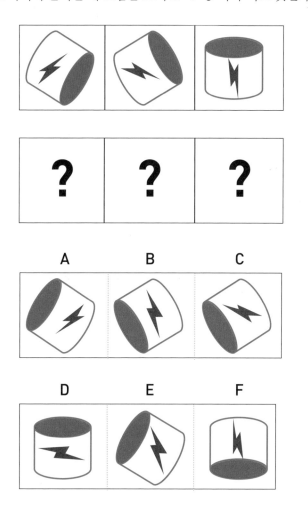

다음 연산에 쓰인 기호들은 0부터 9까지의 숫자를 나타낸다. 물음표
자리에 들어갈 수 있는 기호는 보기 A~J 중 어느 것인가?

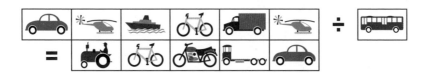

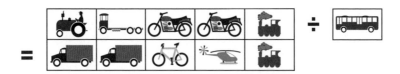

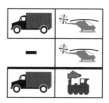

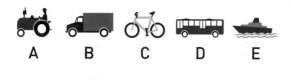

A   B   C   D   E

F   G   H   I   J

다음 그림에서 다섯 개의 직선을 써서 각각 침팬지 1마리, 코알라 1마리, 뱀 3마리, 개 4마리, 별 5개를 포함하는 여섯 조각으로 나누어라. 단, 선의 양 끝이 반드시 그림의 변에 닿을 필요는 없다.

물음표 자리에 올 수 있는 모양은 보기 A~E 중 어느 것인가?

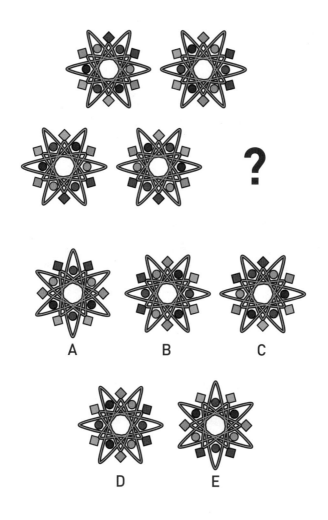

다음 A~G 중 나머지와 다른 하나는?

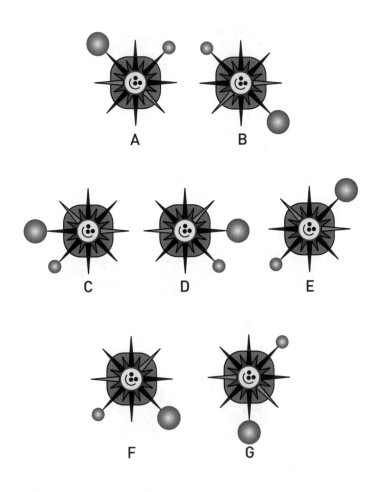

답:181쪽

다음 정사면체를 펼친 모습은 보기 A~F 중 어느 것인가?

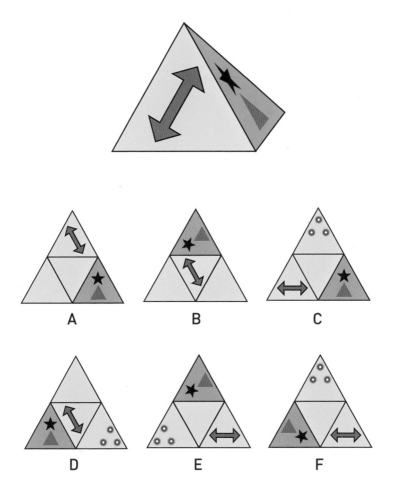

A

B

C

D

E

F

물음표 자리에 들어갈 수 있는 숫자는?

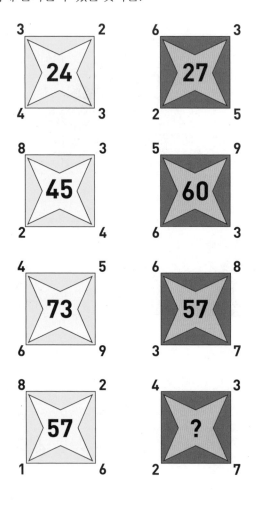

다음 A~F 중 나머지 다섯과 다른 하나는?

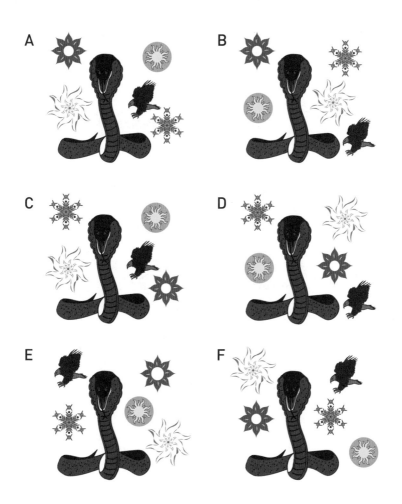

132

다음 그림은 네 가지 각도에서 보이는 같은 블록들의 집합이다. 모두
몇 개의 블록이 있는가? 단, 보이지 않는 블록 사이에는 빈틈이 없다.

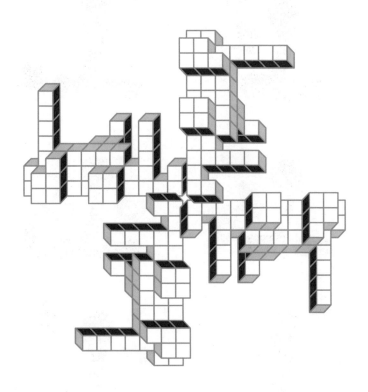

물음표 자리에 들어갈 수 있는 글자의 조합은 어느 것과 어느 것인가?

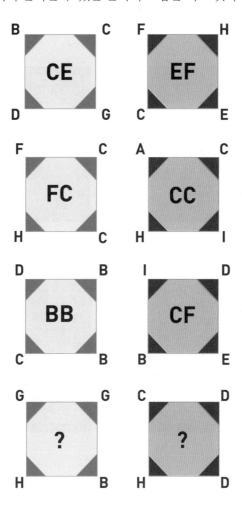

답:181쪽 157

다음 A~D 중 나머지 셋과 다른 하나는?

A

B

C

D

물음표 자리에 올 수 있는 모양은 보기 A~F 중 어느 것인가?

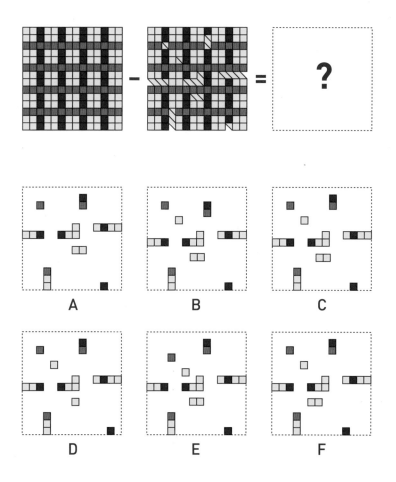

MENSA PUZZLE

멘사퍼즐 공간게임

해답

001 8시 30분

002 ★ 4개

003 B

마름모 도형에 있는 작은 원의 위치가
다르다.

004 ■ 2개

005

시침은 매번 1시간씩 전진하는 반면
분침은 20분씩 뒤로 이동한다.

006 함부르크 (Hamburg)

007

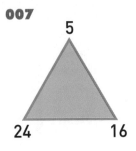

오른쪽 아래 숫자들은 두 배씩 늘어나
고, 왼쪽 아래 숫자들은 6씩 늘어나고,
위쪽 숫자들은 5씩 줄어든다.

008 B

도형은 매번 90도 회전한다.

009 바깥쪽 원에 있는 1i와 1c 사이의 1i

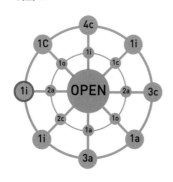

010

4

64

16   256

왼쪽 아래 숫자와 위쪽 숫자를 곱해 가운데에 넣는다. 그런 다음 위쪽 숫자와 가운데 수를 곱해 오른쪽 아래에 쓴다.

011 16. ✱ = 5, ◯ = 1, ☐ = 2.

012 A

013 180번 회전한다.

(45회전×큰 바퀴의 24톱니[1080회 이동])÷(작은 바퀴의 6톱니)=180

014 2번째 열의 2번째 행에 있는 1E

4SE	1E	4S	1SE	4SW
2S	1E	1NE	1SE	1SW
1E	1NW	OPEN	2NW	2W
3E	3NE	1SW	3NW	1SW
2N	1N	1N	3N	1N

015 5

아래와 같이 번호를 매기고 퍼즐의 검은 칸의 자리에 있는 숫자를 고려한다.

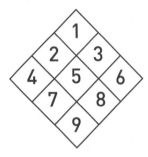

위쪽 사각형에 있는 두 검은 점의 값을 곱하면 아래쪽 사각형의 두 검은 점의 위치를 알 수 있다. 오른쪽 위 검은 점의 값과 왼쪽 아래 검은 점의 값을 빼면 가운데 숫자가 나온다. 4×7=28, 7-2=5.

016 바깥쪽 물음표 3, 안쪽 물음표 9

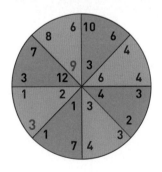

위쪽 네 조각에서 각 조각의 바깥쪽 두 숫자를 더하면 마주 보는 조각의 바깥쪽 두 숫자를 더한 값보다 두 배 크다. 위쪽 네 조각에서 각 조각의 안쪽 숫자는 마주 보는 조각의 안쪽 숫자보다 세 배 크다.

017 10

각 도시의 첫 번째 알파벳을 순서에 따라 숫자로 바꾸고 10을 곱하면 거리가 나온다.(a=1, b=2, c=3…)

018

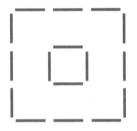

다른 답도 가능하다.

019 베이브 루스(Babe Ruth)와
조 몬태나(Joe Montana)

020 2A, 3C

021 4개 경로

022 695

다른 숫자들은 첫 번째와 세 번째 숫자
가 같다.

023 2

각 행의 양쪽 끝 숫자를 곱하면 가운데
두 개의 숫자가 나온다.

024 18500

각 행의 다섯 자리 수를 그 아래 행과
뺄셈한다. 즉 86536(1줄)-51524(2
줄)=35012(3줄)이므로
　35012(3줄)-16512(4줄)=18500
이다.

025 ■ 24개

▲ = ■ 4개

● = ■ 10개

그러므로 3번 저울은■ 24개이다.

026 10

다른 숫자들은 위에 있는 숫자의 두 배
가 된다. 이것은 10이 아니라 16이 되
어야 한다.

027 16

조각의 안쪽 숫자와 마주 보는 조각의 바깥쪽 숫자의 합은 항상 29다.

028 동쪽

맨 왼쪽 위 칸부터 ㄹ자 방향으로 이동한다. 순서는 동, 서, 동, 남, 북, 서이다.

029

10	1	-8	39	30	21	12
2	-7	33	31	22	13	11
-6	34	32	23	14	5	3
35	26	24	15	6	4	-5
27	25	16	7	-2	-4	36
19	17	8	-1	-3	37	28
18	9	0	-9	38	29	20

030 1. 필 콜린스 Phil Collins

2. 마이클 슈마허 Michael

 Schumacher

3. 숀 코네리 Sean Connery

4. 마이크 타이슨 Mike Tyson

5. 존 레논 John Lennon

031 12시 30분

시계는 1시간 10분씩 앞으로 움직인다.

032 큰 공 4개, 작은 공 1개

033 4

마주 보는 조각끼리는 두 숫자의 합이 서로 같다. 8+2=6+?이므로 4가 된다.

034 10시 50분

시계는 1시간 5분씩 거꾸로 간다.

035 B

각 배양 접시에 있는 박테리아를 세고, 첫 번째 숫자를 두 번째 숫자에 곱한 다음 세 번째 숫자를 더한다. (4×7)+5=33.

036 6

첫 번째 열의 숫자에 1을 더하면 두 번째 열의 숫자가 된다. 3열은 2열에서 3을 뺀 것이고, 4열은 3열보다 2배 더 크다.

037 6시

038 E

039 D

도형은 매번 시계 방향으로 90도 회전한다.

040 2

세 번째 열에서 두 번째 열을 빼서 첫 번째 열에 넣는다.

041 3

🍎 = 6, 🍌 = -1, 🍒 = 4.

042 D

서로 접촉하는 면의 수가 가장 적으면 둘레가 가장 길다.

043 4 (26가지 경로)

044 B

045 하키(Hockey), 가라테(Karate), 테니스(Tennis)

046 B

180도 돌려서 맞추면 완벽한 사각형 이 된다.

047 10

위쪽 조각의 세 숫자를 더하면 각각 마 주 보는 조각의 세 숫자를 더한 값의 절반이 된다.

048 1시

2시간 10분씩 뒤로 이동한다.

049 바베이도스(Barbados) [북아 메리카 카리브해에 있는 입헌군주국]

050 1

각 행에서 두 개의 왼쪽 숫자에서 두 개의 오른쪽 숫자를 뺀 값을 가운데에 넣는다.

051 코끼리 또는 상어

코끼리 외 다른 것들은 모두 고기를 먹는 동물이다. 상어 외 다른 것들은 모두 지상 호흡을 한다.

052 C

053 최대 59, 최소 50

054 4와 2

첫 번째 행과 두 번째 행의 세 자리 수를 합하면 세 번째 행이 나오고, 두 번째 행과 세 번째 행의 세 자리 수를 합하면 네 번째 행의 숫자가 나온다. 이때 천의 자리 수는 버린다. 세 번째 행과 네 번째 행의 숫자를 합치면 7, 4, 2가 나온다.

055 4개

056 1. Odin(오딘)

2. Hermes(헤르메스)

3. Osiris(오시리스)

4. Poseidon(포세이돈)

5. Athena(아테나)

6. Cupid(큐피드)

057 A

India(인도), China(차이나), Delta(델타), Pan Am(팬암)

058 1. Einstein(아인슈타인)

2. Celsius(셀시우스)

3. Newton(뉴턴)

4. Copernicus(코페르니쿠스)

5. Pascal(파스칼)

6. Darwin(다윈)

059 Holly Hunter(홀리 헌터), Sally Field(샐리 필드), Daryl Hannah(대럴 한나), Meg Ryan(메그 라이언), Demi Moore(데미 무어), Winona Ryder(위노나 라이더), Jane Fonda(제인 폰다), Bette Davis(베트 데이비스)

060 N

Monet(모네), Rodin(로댕), Munch(뭉크), Ernst(에른스트)

061 Spitz(스피츠), Borg(보그), Bowe(보우), Lewis(루이스), Ali(알리), Pele(펠레), Zico(지코), Senna(세나), Lauda(로다), Bats(배츠), David(데이비드), Coe(코)

062 1. Roberto Baggio(로베르토 바지오)

2. Dennis Bergkamp(데니스 베르캄프)

3. Kevin Keegan(케빈 키건)

4. Eric Cantona(에릭 칸토나)

5. Jurgen Klinsmann(위르겐 클린스만)

063 Zeus(제우스)

알파벳에 숫자값을 부여한다. A=1, B=2, C=3, … X=22, Y=23, Z=24.

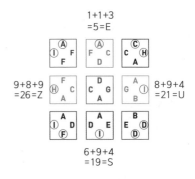

064 Edison(에디슨), Darwin(다윈), Euclid(유클리드), Pascal(파스칼)

두 경로의 첫 글자가 같고 두 경로의 마지막 글자가 같다.

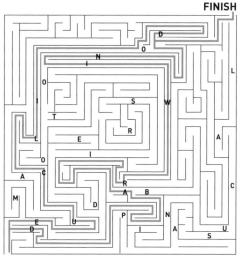

FINISH

START

065 Chicago(시카고)

066 12

각 이름에서 첫 번째 알파벳의 순서를 나타내는 숫자와 마지막 알파벳의 순서를 나타내는 숫자의 차가 거리를 나타낸다.

067 Darwin(다윈), Newton(뉴턴), Pascal(파스칼)

인접한 조각을 짝지음으로써 찾을 수 있다.

068 유명한 작가들은 Stephen King(스티븐 킹), Oscar Wilde(오스카 와일드), William Shakespeare(윌리엄 셰익스피어), Jane Austen(제인 오스틴)이다.

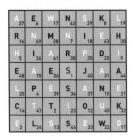

069 Y

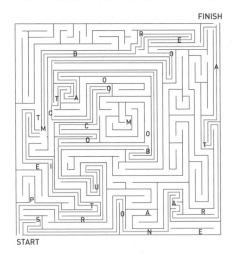

070 Rococo(로코코), Rubato(루바토), Sonata(소나타), Timbre(팀브레)

두 경로의 첫 글자가 같고 두 경로의 마지막 글자가 같다.

172

071 E

불을 소화기로 진화한다면, 먼지는 진공청소기가 제거한다.

072 B

073 B

가운데 세로 기둥 부분의 한 블록이 빠져 있다.

074 C

패턴은 시계 반대 방향으로 각 단계마다 10분의 1씩(36°) 회전한다.

075 A

076 A

A는 다른 보기들의 거울상이다.

077 B

B는 다른 보기들의 거울상이다.

078 C

물음표 자리와 같은 줄에 있는 다른 그림 속 X자 모양과 공 모양의 위치를 보고 같은 열 또는 행에 있는 보기를 찾는다.

079 C

직사각형이 대각선으로 움직였다.

080 B

보라색 사각형의 위치가 다르다.

081 Ja

다른 것들은 유럽어로 '아니오'의 의미다. Ja는 독일어로 '예'의 의미다.

082 159개

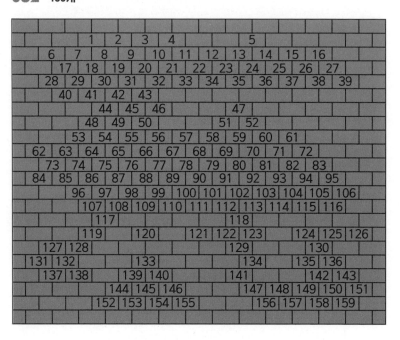

083 C

C는 다른 보기들의 거울상이다.

084 D

085 A

 = 2, = 3,

= 5, = 4이다.

086 D

다른 보기들은 같은 패턴의 90도 회전
이다.

087 C

내부 배열이 바뀌었다.

088 C

다른 것들은 모두 외곽선과 내부의 모
양이 같다.

089 C

어두운 화살표가 아래를 가리키는 것

으로 시작된다.

090 A와 J

둥그런 고리 부분이 찌그러져 있다.

091 D

092 E

전투기가 매 단계마다 시계 방향으로
5분의 1씩 회전하고 있다.

093 B

초록색 칸은 항상 3개가 한 묶음이고
1개가 떨어져 있으며, 3개의 칸 묶음
이 코너에 있을 경우에는 가장 안쪽에
있는 칸과 수직 또는 수평선상에 있다.

094 D

화살표 표시가 회색이다.

095 다음 경로를 따라간다면 17마리의 방울뱀을 채집할 수 있다.

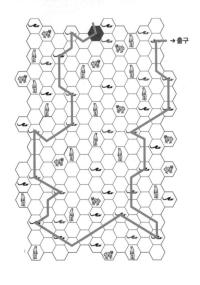

→출구

096 89

색상의 영문 이름에 알파벳별로 순서에 따라 숫자 값을 부여한 다음 더한다.

097 C

C는 다른 보기의 거울상이다.

098 C

두 그림을 합하면 완전한 5×5 정사각형이 된다.

099 D

하단의 분홍색 공이 왼쪽에 있는 녹색 공과 위치가 바뀌었다.

100 B와 C

A는 꼬리가 짧고 D는 반대쪽 날개가 없다.

101 D

주황색 화살표 중 하나가 다른 방향으로 휘어지고 있다.

102

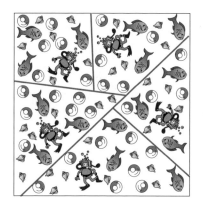

103 B와 F

다른 모든 보기들에서, 노란 원은 가장 작은 도형 안에 있다.

104 C

전체 모양은 작아지고, 수평과 수직이 뒤집히며, 음영의 색이 제각기 바뀐다. 파랑은 노랑, 주황은 파랑, 노랑은 주황으로 바뀐다.

105 H

H를 제외한 나머지 보기는 사각형의 바깥 경계선을 이루는 네 변의 칸 배치가 모두 같다. 단, 안쪽 변과 면에 있는 칸의 색깔은 무작위로 바뀐다.

106 49

■=3, ■=5, ■=12, □=15의 값을 가진다. 맨 위 행에는 같은 칸에 있는 두 색상의 값을 더하고, 두 번째 행에는 나누고, 세 번째 행에는 빼고, 네 번째 행에는 곱한다. 그런 다음 같은 줄에 위치한 결과를 합한다.

107

108

109

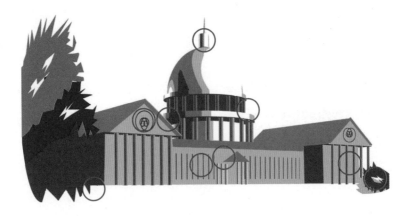

110 13

=2, =3, =5, =4.

111 A

공이 시계 방향으로 한 개씩 번갈아 움직인다.

112 42

=2, =4, =6, =8의 값을 가진다. 같은 줄에 있는 정사각형의 색을 모두 더한다.

113 E

그림은 매번 시계 방향으로 72도(1회전의 5분의 1)씩 회전한다.

114 C

나무의 잎이 다르다.

115 A

밑에 있는 톱니바퀴와 별이 위치를 바꾸었다.

116 C

매번 시계 방향으로 90도 회전한다.

117 B

B는 다른 보기들의 거울상이다.

118 D

별이 다른 보기들과 다른 위치에 있다.

119 A

120 D

121 B

그림이 시계 반대 방향으로 90도 회전한다.

122 C

C를 제외한 나머지 세 보기는 모두 각도만 다를 뿐 색 배치가 같다.

123 61

■ =3, ■ =5, ■ =7, ▨ = 9의 값을 지닌다. 맨 윗줄은 같은 칸의 두 색상을 더하고 두 번째 줄은 빼고, 세 번째 줄은 곱하고 네 번째 줄은 더한다. 그 다음 같은 줄의 결과를 모두 더한다.

124 A, C, F

번개 표시는 시계 방향으로, 북은 시계 반대 방향으로 같은 정도씩 회전한다.

125 H (헬리콥터, 값=2)

기호들은 다음과 같은 값을 갖는다.

8   1   9   7   5

6   3   2   0   4

```
÷ 7 | 6 2 5 9 1 2
        8 9 4 1 6
÷ 7 | 8 3 4 4 0
        1 1 9 2 0
```

```
  3 6        2 0        1 2
-   3      -   8      -   2
  3 3        1 2        1 0
```

126

127 B

물체들은 각 단계마다 시계 방향으로 6분의 1(60°)씩 회전한다.

128 F

다른 모든 보기에서는 작은 공이 두 개의 파란색 스파이크의 맞은편 가운데 지점을 연결한 끝에 걸려 있다.

129 B

130 25

대각선에 있는 숫자끼리 곱해서 더한다. 그렇게 나온 결과에, 노란 사각형에서는 7을 더하고 보라색 사각형에서는 9를 뺀다.

131 E

보라색 꽃의 가운데 흰색이 다른 보기들보다 크다.

132 212블록(각 세트에 53개씩 있음)

133 GF와 CH

모든 글자를 알파벳 순서에 따른 숫자 값으로 바꾼다. 왼쪽에 있는 숫자끼리 곱하고 오른쪽에 있는 숫자끼리 곱한 다음 왼쪽 숫자와 오른쪽 숫자를 서로 더한다. 그런 다음 초록색 상자 열에서는 그 값에 6을 더하고, 보라색 상자 열에서는 2를 뺀다.

134 B

번개가 공 뒤가 아닌 공 앞에 있다.

135 C

중복되는 칸을 지운다.

멘사코리아

주소: 서울시 서초구 효령로12, 301호

전화: 02-6341-3177

E-mail: admin@mensakorea.org

멘사퍼즐 공간게임
IQ148을 위한

1판 1쇄 펴낸 날 2023년 10월 30일

지은이 브리티시 멘사
주간 안채원
외부 디자인 이가영
편집 윤대호, 채선희, 윤성하, 장서진
디자인 김수인, 이예은
마케팅 함정윤, 김희진

펴낸이 박윤태
펴낸곳 보누스
등록 2001년 8월 17일 제313-2002-179호
주소 서울시 마포구 동교로12안길 31 보누스 4층
전화 02-333-3114
팩스 02-3143-3254
이메일 bonus@bonusbook.co.kr

ISBN 978-89-6494-643-5 04410

• 책값은 뒤표지에 있습니다.

멘사 추리 퍼즐 1

데이브 채턴 외 지음 | 212면

멘사 추리 퍼즐 2

폴 슬론 외 지음 | 244면

멘사 추리 퍼즐 3

폴 슬론 외 지음 | 212면

멘사 추리 퍼즐 4

폴 슬론 외 지음 | 212면

멘사 탐구력 퍼즐

로버트 앨런 지음 | 252면